LE MÉTROGRAPHE

PARISIEN,

OU

TABLE DE COMPARAISON,

Au nombre de XXIII,

Servant à transformer — La *toise* courante de roi et l'*aune* de Paris en *metres* courans. — La *perche quarrée*, de roi et de Paris, en *hectares* & en *ares*. — La *toise quarrée*, en *ares* & en *metres quarrés*. — La *toise cube*, en *metres cubes*. — Le *boisseau* de Paris, en *décalitres*. — La *pinte* de Paris, en *litres*. — Les *livres* de 16 & de 15 *onces*, en *kilogrammes*. — Et les *sols* & *deniers*, en *centimes*.

On a placé le *rapport des prix* au droit de chaque table, ce qui les rend d'une commodité infinie pour le commerce.

Par le citoyen AUBRY, géometre et libraire.

A PARIS,

Chez l'Auteur, rue Baillet, entre celles de la Monnoie & de l'Arbre-sec, n°

Ap IV de la Républi

Je déclare que, conformément aux lois conservatrices de la propriété des Auteurs, les exemplaires de mes ouvrages SUR LES POIDS ET MESURES seront tous signés de moi, et que je poursuivrai en justice ceux qui se permettront de les contrefaire.

A Paris, ce 19 Nivôse, an quatrième de la République française.

INSTRUCTION,

PAR DES EXEMPLES,

Sur la maniere de se servir des Tables de ce Métrographe.

Elles sont au nombre de 23, *savoir;* quatre pour les *Mesures de longueur*, faisant les tables I à IV; six pour celles de *surface*, faisant les tables V à X; six pour celles de *capacité*, faisant les tables XI à XVI; & quatre pour celles de *pésanteur*, faisant les tables XVII à XX. On y a joint la table de réduction de toutes les *Fractions* possibles en Fractions décimales, faisant la table XXI; & celles du rapport des *Monnoies*, qui font les tables XXII & XXIII.

PREMIERE CLASSE.

MESURES LINÉAIRES.

EXEMPLE pris de la table premiere, & relatif à la toise courante de 72 *pouces, comparée au* metre linéaire.

Veut-on savoir combien 7 tois. 3 pieds 4 pouces font de metre ?

Réponse . . . . 14 metres 72 cent.

On prend successivement chacune de ces colonnes, & au droit des nombres indiqués on trouve le nombre correspondant de mesures métriques.

Ainsi au droit du nombre 7, dans la colonne des toises , on trouve céci. 13,64

Au droit du nombre 3, dans la colonne des pieds, on trouve ceci. 0,97

Au droit du nombre 4, dans la colonne des pouces, on trouve ceci. 0,11

Toutes-lesquelles sommes additionnées ensemble , font. 14,72

Ce qui désigne que le nombre proposé vaut 14 mètres 72 centimètres.

Si au lieu de 7 toises à transformer on en eût eu un plus grand nombre , comme 543 , voici ce que l'on aurait fait.

Au droit du nombre 500, dans la colonne des toises, on aurait trouvé ceci. . . 974,20

Au droit du nombre 40. 77,93

Au droit du nombre 3. 5,84

Et comme en additionnant les trois sommes ensemble , on aurait obtenu un total de. 1057,97

on aurait substitué alors cette dernière somme à celle de 13,64.

(5)

*EXEMPLE pris de la table II, & relatif au prix
que doit valoir le* metre courant, *quand la toise
courante de 12 pouces a une valeur connue.*

On suppose qu'un homme a entrepris 25
toises de fossés à 15 sols la toise, on demande
combien cet ouvrage doit être payé au mètre
courant.

Réponse. . . . . 38 centimes.

En allant en effet dans la table au droit de
15 f., on voit pour somme correspondante,
0, 38, qui signifie que quand la toise vaut 15
sols, le mètre vaut 38 centimes. Or, on n'a
qu'à aller à la table en regard, on verra que

20 toises valant 38 mètres 97 centièmes,

& 5 toises   9   74
____

Total. . . 48 mèt.   71 centièmes.

Ces 48 mètres 71 centièmes, à 38 centimes
chaque, valent en total 18 francs 51 centimes.

En effet, en multipliant 48 mètres 71 centièmes, par 38 centimes, que l'on écrit ainsi,

$$48, 71$$
$$0, 38$$
$$\overline{}$$
$$38968$$
$$14613$$
$$\overline{}$$

on obtient le produit suivant · 18,5098
qui signifie que ces 48 mètres 71 centièmes valent 18 francs 51 centimes.

Il eſt vrai que bien des perſonnes, qui ne ſont pas familiariſées avec le calcul décimal, ne voyent pas au premier coup-d'œil pourquoi ce ſont les deux premiers chiffres qui ſont des francs & les quatre derniers des décimales du franc; mais en se rappelant qu'en tout produit de multiplication, il faut compter autant de décimales qu'il y en a au multiplicande & au multiplicateur, on verra que c'eſt ici 4 décimales à compter & deux unités, puiſque, ſuivant l'exemple ci-deſſus, il y a viſiblement 4 décimales. Or, comme il y a ſix chiffres au produit, c'eſt donc 18 unités & 4 décimales, autrement 18 francs 51 centimes: car on ne s'amuſera ſûrement pas à compter 98 centièmes de centime, qui ne valent pas une obole.

Si chaque toiſe eût coûté 3 liv. 9 ſols 10 den. l'opération n'eût été qu'un peu plus longue, en ce qu'il aurait fallu chercher les ſommes correſpondantes à ces trois différentes valeurs, & les additionner enſemble ainſi qu'il ſuit :

$$
\begin{array}{lll}
3 \text{ liv.} & \dots\dots\dots & 1 \text{ fr. } 54 \\
9 \text{ ſols.} & \dots\dots & 0 \quad 23 \\
10 \text{ den.} & \dots & 0 \quad 02 \\
\hline
\text{Total.} & \dots\dots & 1 \text{ fr. } 79
\end{array}
$$

pour en multiplier le produit par le même nombre 48 mètres 71 centimètres, ce qui aurait néceſſité la règle ſuivante.

$$1,79$$
$$48,71$$

$$179$$
$$1253$$
$$1432$$
$$716$$

Produit   87,1909

lequel nous aurait fait voir encore, qu'ayant 4 décimales tant au multiplicateur qu'au multiplicande, c'eſt 87 fr. 19 centimes qu'il aurait fallu compter pour la valeur de ces 25 toiſes à 3 liv. 9 ſ. 10 den., réduites en mètre courant.

___

EXEMPLE pris de la table III, *et relatif à à l'aune de* 43 *pouces* 11 *lignes*, ou de Paris, *comparée au* metre courant

Veut-on ſavoir combien 43 aunes un douzième font de mètres ?

Réponſe. . . . . 51 metres 18 cent.

En cherchant, en effet, dans la table les nombres 40, 3, & 1 douzième, & en prenant les chiffres métriques correspondans, on obtient le réſultat ſuivant :

40 aunes . . . , ... 47, 52

3 . . . . 3, 56

1 douzième. 0, 10

Total. . . . . , . . 51, 18

qui fignifie que le nombre d'aunes propofé fait 51 mètres & 18 centimètres.

EXEMPLE pris de la table IV, et relatif au prix que doit valoir le metre courant, quand l'aune de Paris a une valeur connue.

On eft convenu du prix d'un drap à 23 liv. 10 fols l'aune, on demande combien il doit être vendu au mètre.

 Réponfe . . . . . 19 fr. 77 centimes.

 En effet, 20 liv. répondant à 16 f. 83

 3 liv. . . . . à 2, 52

 Et 10 fols . . . . à 0, 42

Ces trois fommes additionnées enfemble font celle qui précède.

SECONDE CLASSE.

MESURES DE SURFACE,

EXEMPLE pris de la table V, et relatif à la perche *quarrée de* 69696 *pouces, dice de* roi, *comparée à l'are.*

Veut-on favoir combien 65 arpens 83 perches de roi font d'hectares, compofés de 10,000 mètres quarrés ou centiares ?

 Rép. . . . 33 hect. 59 ares 85 mètres quarrés.

(9)

En ſe reſſouvenant, en effet, que cette quantité d'arpens & de perches s'écrit ainsi : 6583
perches, il eſt aiſé de voir que

	h.	ar.	cen.
6000 perches répondant à	30,	62	30
500 . . . . à	2,	55	19
80 . . . . à	0,	40	83
3 . . . , ... à	0,	1	53

on obtient le total ci-contre. . 33   59   85

lequel ſignifie que le nombre propoſé d'arpens vaut 33 hectares 59 ares 85 centiares.

En effet, puiſque 10,000 mètres quarrés font
1 hectare, 335985 mètres quarrés doivent faire
33 hectares 59 ares, 85 mètres quarrés.

———————

*EXEMPLE pris de la table VI, relatif au prix
que doit valoir l'are quand la perche dite
deroi a une valeur connue.*

Les 65 arpens 83 perches qui précèdent ont
été vendus 36000 francs, on demande combien cela fait l'hectare ?

Réponſe. . . . . 1071 fr. 60 centimes.

En diviſant, en effet, 36000 fr. par 6583, il
vient au quotient 546 liv. 17 ſols, qui ſignifient
que chaque arpent a coûté cette ſomme.

Or, en allant à la table VI, on découvre
que 500 liv. répondant à 979 fr. 80 cen.

40	à 78,	38
6	à 11,	76
10 fols	à 0,	98
7 fols	à 0,	68

on obtient un total de 1071,   60

Qui fignifie que quand l'arpent de roi vaut
546 liv. 17 fols, l'hectare vaut 1071 fr. 60 cen.

*EXEMPLE pris de la table VII, et relatif à la
perche quarrée de 45656 pouces quarrés,
dite de* Paris, *comparée à l'are.*

On a acheté 28 arpens 39 perches, à cette
mefure; on demande combien cette quantité
fait d'hectares.

Réponfe. . . . . 9 hectares, 70 ares.

En fe reffouvenant encore que 28 arpent 39
perches, s'écrivent ainfi: 2839 perches.

On a bientôt découvert, que

	Hect.	Ares.	Metr.
2000 perches répondant à	6	83	32
800 . . . . à	2	73	33
30 . . . . à	0	10	25
9 . . . . à	0	03	07

On obtient pour total   9   69   97

qui fignifient que le nombre propofé d'arpens

vaut 9 hectares 69 ares 97 metres , autrement
9 hectares 70 ares.

EXEMPLE pris de la table VIII & relatif aux prix
que doit valoir l'a. e, quand la perche quarrée
mesure de Paris, a une valeur connue.

On suppose que le lot de terre qui precède
a été vendu a raison de 850 fr. l'arpent, on
demande combien c'est l'hectare.

Réponse. . . . . 2485 f. 58 centimes.

En allant, en effet, à la table VIII, on voit
que 800 liv. répondant à 2339 fr.   37 cent.
Et 50 . . . . à   146   21

On obtient un total de 2485 fr.   58 cent.

qui signifie que quand l'arpent de Paris vaut
850 l., l'hectare vaut 2485 fr. 58 centimes.

EXEMPLE pris de la table IX, et relatif à la
toise de 5184 pouces quarrés, dite de roi,
comparée au metre quarré.

On suppose une chambre contenir 14 toises
23 pieds 127 pouces, on demande combien
elle contient de metres quarrés?

Reponse. . . . . 55 met. qu. 65 cent.

En cherchant, en effet, dans la colonne des
toises pour 10 & pour 4, dans celle des pieds
pour 20 & pour 3, & dans celle des pouces pour

100, pour 20 & pour 7, on obtient le rapport
suivant :

Colonne des toifes,	10	37, 96
	4	15, 18
Colonne des pieds,	20	2, 11
	3	0, 32
Colonne de pouces,	100	0, 07
	20	0, 01
	7	0, 00.
Total		55, 65

Qui fignifie que la chambre en queftion contient 55 metres quarrés 65 centimetres quarr.

EXEMPLE pris de la table x *et relatif au prix
que doit valoir le* metre quarré, *quand la* toise
de 5184 *pouces quarrés a une valeur connue.*

Un Menuifier a fait 78 toifes de menuiferie
à 16 fr. la toife, on demande combien cet ouvrage doit être payé au metre quarré.

Réponfe. . . . . 4 francs 24 centimes.

En allant en effet à la table au droit de 10
& de 6 fr. la toife, on voit pour fommes correfpondantes celles qui fuivent :

10 ₶	2, 65
6	1, 59
Total	4, 24

qui fignifie que quand la toife vaut 16 fr., le
metre quarré vaut 4 fr. 24 centimes.

Allant alors à la table en regard, pour con-

Allant

(13)

vertir les 78 toifes quarrées en metres quarrés,
on trouve que 70 toifes valant 265 met. q. 74
et 8 30,   37

il en réfulte un total de . . . 296,   11

qui, multiplié par 4 fr. 24 centimes, valeur du
metre quarré, ainfi qu'il fuit :

$$\begin{array}{r} 296\ 11 \\ 4\ 24 \\ \hline 118444 \\ 59222 \\ 113444 \\ \hline \end{array}$$

Total . . . 1255,5064

fait pour fomme à payer net, celle de 1255 fr.
51 centimes.

TROISIEME CLASSE.

MESURES DE CAPACITÉ.

*EXEMPLE pris de la table XI, et relatif à la
toise cube de 373248 pouces cubes, autrement
toise de roi cube, comparée au metre cube.*

On défire favoir combien 1978 toifes 154
pieds 1410 pouces cubes font de metres cubes:
Réponfe. . . . 14637 metres cubes 2
Voici ce qu'il faut faire.
Confidérer qu'il y a trois tableaux, l'un

Métrogr. Parifien.   B

pour les toises cubes, l'autre pour les pieds cubes, & le troisième pour les pouces cubes.

Considérer ensuite, qu'ayant 1978 toises à convertir en mètres, il faut d'abord prendre pour 1000 toises, ensuite pour 900, ensuite pour 70, & enfin pour 8 toises.

Que la même opération est à faire pour les 154 pieds.

Et enfin, pour les 1410 pouces cubes.

De manière que l'opération est exactement celle-ci :

Pour les toises cubes.

1,000 toises. 7396, 58

900 . . . . 6656, 92

70. . . . . 517, 76

8. . . . . 59, 17

Pour les pieds cubes.

100 pieds 3, 42

50 . . . . 1, 71

4 . . . . 0, 14

Pour les pouces cubes.

1,000 pouces 0, 02

400 . . . . 0, 00

10 . . . . 0, 00

Total 14535, 71

Ce qui signifie, que 1978 toises cubes & un peu plus de deux tiers, font 14535 mètres & un peu moins de trois quarts.

EXEMPLE *pris de la table* XII *, et relatif au prix que doit valoir le metre cube , quand la toise cube de roi a une valeur connue.*

Un entrepreneur de terraffes s'eft chargé de tranfporter 256 toifes cubes de terre à 26 liv. 15 fols, on demande combien il doit être payé au mètre cube.

Réponfe. . . . . . . 3 francs 62 centimes.

En allant en effet à la table, au droit de 20 fr., de 6 francs & de 15 fols, on voit pour fommes correfpondantes celles qui fuivent.

        20 fr. 2,   71
        6 fr. 0,   81
        15 fols. 0,   10
                          —————————
        Total . . . . 3 f. 62

qui fignifie, que quand la toife cube vaut 26 fr. 15 fols, le mètre cube vaut 3 fr. 62 centimes.

Allant alors à la table en regard pour convertir les 256 toifes cubes en mètres cubes, on trouve que

        200 toifes valant 1479 m. cub. 31
        50 369,   83
        6 44,   38
                          —————————
il en réfulte un total de. . 1893,   52

qui, multiplié par 3 francs 62 centimes (valeur
du mètre cube) ainsi qu'il suit :

$$
\begin{array}{r}
1893, 5 \\
3, 62 \\
\hline
37870 \\
113610 \\
56805 \\
\hline
6854,470
\end{array}
$$

donne pour somme à payer net celle de
6854 francs 47 centimes.

EXEMPLE pris de la table XIII, *et relatif au*
boisseau *de* 640 *pouces cubes, autrement*
boisseau *de Paris, comparé au décalitre.*

On a acheté, d'une part, 2 boisseaux trois
quarts et demi litron de farine. $=$ D'une
autre, 1 minot & 7 boisseaux ; & d'une autre,
1 septier & trois boisseaux 1 quart. On demande combien toutes ces différentes quantités font de décalitres ?

Réponse . . . . 35 décalitres 55 litres.
En allant en effet à la table, on voit que,

Premier achat.

2 boisseaux répondant . . à	2 déc.	54 litres.
3 quarts de boisseaux . . . à	0,	95
1 demi litron . . . . à	0,	04

Second achat.

1 minot . . . . à	3,	80
7 boisseaux . . . . à	8,	88

Troifième achat.

```
1 feptier. . . . . . . . . . . . à 15,      22
3 boiffeaux. . . . . . . . . . à  3,      80
Et 1 quart de boiffeau. . . à  0,      32
```

on obtient pour total. 35,   55
c'eft-à-dire la quantité qui précède.

---

*EXEMPLE pris dans la table XIV, et relatif au
prix que doit avoir le décalitre quand le
boiffeau de Paris a une valeur connue.*

Le boiffeau de Paris a été acheté fur le pied
de 8 l. 5 f., on demande combien il doit être
payé au décalitre.

Réponfe. . . . . 6 francs, 51 centimes.
En effet 8 l. répondant à 6, 31
   & 5 fols . . à 0, 20

En additionnant ces deux fommes enfemble,
il vient au produit 6,51, faifant la même fomme.

*EXEMPLE pris de la table XV, relatif à la
pinte de 48 pouces cubes ou pinte de Paris,
comparé au litre.*

On défire favoir combien 983 pintes de Paris
font de litres?

Réponfe. . . . . 935 litres 03 centim.

```
                                    Litres.
En effet, 900 pintes répondant à 856    03
         80 . . . . . . . . . . . à 76    10
          3 . . . . . . . . . . . à  2    85
                                   ________
         On a pour total     935    03
```

Qui fignifie en outre que 983 pint. de Paris font:
93 décalitres, 5 litres, en avançant la virgule
d'une place vers la gauche.

9 hectol. 35 litr. en l'avançant de deux places.

Et 4 doubles hectolitres 67 litres, en prenant
moitié de la fomme ; ainfi de toutes les autres
opérations.

---

*EXEMPLE pris de la table XVI, relatif au prix
que doit valoir le litre, quand la pinte de Paris
a une valeur connue.*

Une qualité de vin eft fixée à 14 s. 6 d. la pinte,
on demande combien elle reviendra au litre?
Réponfe. . . . . : . . . . . 77 centimes.
En effet, 14 fols répondant à 0, 74
        &   6 deniers . . . 0, 03
En additionnant ces deux fommes enfemble,
il vient au produit 0,77, faifant la même fomme.

QUATRIEME CLASSE.

MESURES DE PESANTEUR.

*EXEMPLE pris de la table xVII, et relatif à la
livre poids de marc ou de 128 gros, comparée
au kilogramme.*

Veut-on favoir combien 328 livres 7 onces
5 gros 69 grains font de kilogrammes.

Réponse. 160 kilogrammes 65 centièmes.

En effet, 300 liv. répondant à 146, 74 Kilogr.

20 . . . . à 9, 78

8 . . . . à 3. 91

7 onces . . . . . à 0, 21

5 gros . . . . . . à 0, 01

Et 69 grains . . . . à 0, 00

———————

160, 65

En additionnant toutes ces sommes ensemble, il vient, comme on voit, au produit la quantité ci-dessus.

———————

EXEMPLE *pris de la table* XVIII, *relatif au prix que doit valoir le kilogramme, quand la livre de* 128 *gros a une valeur connue.*

On a acheté la première sorte de café martinique, venant de Bordeaux, 3 liv. 5 f. 3 d. la livre, on demande combien il doit coûter le kilogramme?

Réponse. . . . . 6 fr. 66 cen.

En effet, 3 liv. répondant à 6 fr. 13 cen.

5 fols. . . . . à 0, 51

& 3 deniers . . . . . à 0, 02

on a pour somme totale celle de 6 fr 66 centimes ci-dessus.

EXEMPLE pris de la table XIX, *relatif à la* livre de 15 onces ou 120 gros, *comparée au* kilogramme.

On veut favoir combien 72 livres 13 onces 3 gros de foie font de kilogrammes?

Réponfe. . . . . 33 kilogrammes 43 centièmes.

En effet, 70 livres répondant à 32 kil. 10 c.

$$2 \ldots \ldots \ldots \ldots \text{à } 0, \quad 92$$

$$13 \text{ onces} \ldots \ldots \ldots \text{à } 0, \quad 40$$

$$\text{Et } 3 \text{ gros} \ldots \ldots \ldots \text{à } 0. \quad 01$$

on a pour fomme totale celle de 33 kilogrammes 43 centimes ci-deffus.

EXEMPLE prie de la table XX, *relatif au* prix que doit valoir le kilogramme, *qand la* livre de 15 onces ou de 120 gros a une valeur connue.

On a acheté la livre de féné 84 liv. 13 f. 8 d. on demande combien il doit revenir au kilogramme?

Réponfe. . . . . . . 184 francs 66 centimes.

En effet, 80 liv. répondant à 174 fr. 45 cen.

$$4 \ldots \ldots \ldots \ldots \text{à } 8, \quad 72$$

$$13 \text{ fols} \ldots \ldots \ldots \text{à } 1, \quad 42$$

$$8 \text{ deniers} \ldots \ldots \text{à } 0, \quad 07$$

En additionnant ces fommes enfemble, il vient au produit la quantité ci-deffus.

EXEMPLE pris de la table XXI, et relatif à la manière de réduire les fractions ordinaires, en centiemes des objets à évaluer.

Soit à additionner enfemble;

2 aunes 15 dix-feptiemes;

5 aunes 7 neuviemes;

Et 3 aunes 13 dix-huitiemes.

Voici ce que l'on fait.

En allant à 15 dix-feptiemes de la table, on voit qu'ils répondent à   .   88 cent.

En allant également à 7 neuviemes, on voit qu'ils répondent à   78

En allant enfin à 13 dix-huitiem. on voit qu'ils répondent à   72

Enforte que fi on additionne ces trois quantités enfemble, on verra qu'elles font . . . . 2 au. 38 cent.

Qui étant ajoutés aux 10 entiers, ci . . . . 10 aun.

Font un total de   12 au. 38 cent.

EXEMPLE pris de la table XXII, servant à transformer les sols & deniers de la livre (numéraire), en centimes de la même livre.

Veut-on favoir combien 11 fols font de centimes ? Le voici.

On defcend la colonne des fols jufqu'à ce que l'on foit arrivé au nombre 11; alors, en prenant la ligne horizontale de chiffres qui eft à droite, on y trouve les chiffres fuivans :

0, 55°

qui défignent que 11 fols valent 55 centimes.

Si c'eft 11 fols 2 deniers que l'on a befoin de transformer en nouvelle monnoie, en avançant fur la droite de deux colonnes on trouve les chiffres fuivans,   0, 558

qui défignent que cette nouvelle fomme vaut 56 centimes moins quelque chofe.

Ainfi du refte, en allant fur la droite; de deniers en deniers jufqu'à 11, qui eft la derniere fraction du fol en deniers.

EXEEMPLE *pris de la table* XXIII, *servant à faire l'inverfe, c'est-à-dire, à transformer* **les** centimes en sols & deniers.

On défire favoir combien 89 centimes font de fols & de deniers?

Allez au nombre 89, vous verrez qu'il correfpond à 17 fols 10 deniers.

Ainfi

TABLES LOCALES
DES MESURES

DE LA COMMUNE DE PARIS,

Ensemble du rapport de leurs prix.

Ces Tables sont au nombre de 23 :

SAVOIR;

Quatre pour les *Meſures de longueur*, faiſant les tables   I à IV.

Six pour celles de *ſurſaee*, faiſant
les tables   V à X.

Six pour celles de *capacité*, faiſant
les tables   XI à XVI.

Et quatre pour celles de *péſanteur*,
faiſant les tables   XVII à XX.

On y a joint la Table de réduction
de toutes les *Fraĉions* poſſibles
en fraĉions décimales, faiſant la
table   XXI.

Et celle du Rapport des *Monnoies*,
qui fait les tables   XXII & XXIII.

Table I, servant à transformer les *toises* de
72 pouces, & leurs fractions, en Mesure
linéaires métrique, (c'est la toise de roi).

Toises courantes.	Mètres courans.	Toises courantes.	Mètres courans.
Toises courantes.		suite des *toises.*	
1	1, 95	4000	7793, 58
2	3, 90	5000	9741, 97
3	5, 84	6000	11690, 3[illegible]
4	7, 79	7000	13638, 7[illegible]
5	9, 74	8000	15527, 16
6	11, 69	9000	17535, 5[illegible]
7	13, 64	10000	19483, 95
8	15, 59		
9	17, 53	*Fractions.*	
10	19, 48	1 pied courant,	0, 32
20	38, 97	2	0, 65
30	58, 45	3	0, 97
40	77, 93	4	1, 30
50	97, 42	5	1, 62
60	116, 90	6	1, 95
70	136, 39	1 pouce courant	0, 0[illegible]
80	155, 87	2	0, 0[illegible]
90	175, 35	3	0, 0[illegible]
100	194, 84	4	0, 1[illegible]
200	389, 68	5	0, 1[illegible]
300	584, 52	6	0, 1[illegible]
400	779, 36	7	0, 1[illegible]
500	974, 20	8	0, 22
600	1169, 04	9	0, 3[illegible]
700	1363, 88	10	0, [illegible]
800	1558, 71	11	0, 3[illegible]
900	1753, 55	12	0, 3[illegible]
1000	1948, 39		
2000	3896, 79		
3000	5845, 18		

TABLE II, servant à transformer le prix des toises courantes de 72 pouces en celui de mètres courans.

Prix des toises courantes	Prix du mètre courant.	Prix des toises courantes	Prix du mètre courant.
Francs.		**Sols.**	
à 1	0, 51	à 1	0, 03
2	1, 03	2	0, 05
3	1, 54	3	0, 08
4	2, 05	4	0, 10
5	2, 57	5	0, 13
6	3, 08	6	0, 15
7	3, 59	7	0, 18
8	4, 10	8	0, 21
9	4, 62	9	0, 23
10	5, 13	10	0, 26
20	10, 26	11	0, 28
30	15, 40	12	0, 31
40	20, 53	13	0, 33
50	25, 66	14	0, 36
60	30, 79	15	0, 38
70	35, 93	16	0, 41
80	41, 06	17	0, 44
90	46, 19	18	0, 46
100	51, 32	19	0, 49
200	102, 65	**Deniers.**	
300	153, 97		
400	205, 30	1	0, 00
500	256, 62	2	0, 00
600	307, 94	3	0, 01
700	359, 27	4	0, 01
800	410, 59	5	0, 01
900	461, 92	6	0, 01
1000	513, 24	7	0, 01
2000	1026, 48	8	0, 02
3000	1539, 72	9	0, 02

TABLE III, servant à transformer les *aunes* de 42 pouces 11 lignes, & *fractions* d'aunes, en *mètres* courans.

Aunes.	Mètres courans.	Aunes.	Mètres courans.
Les aunes.		*Suite des aunes.*	
1	1, 19	40	47, 52
2	2, 38	50	59, 40
3	3, 56	60	71, 28
4	4, 75	70	83, 16
5	5, 94	80	95, 04
6	7, 13	90	106, 92
7	8, 32	100	118, 80
8	9, 50	200	237, 61
9	10, 69	300	356, 42
10	11, 88	400	475, 22
11	13, 07	500	594, 03
12	14, 26	600	712, 83
13	15, 44	700	831, 64
14	16, 63	800	950, 44
15	17, 82	900	1069, 25
16	19, 01	1000	1188, 05
17	20, 20	*Fractions.*	
18	21, 38	1 trente-deux.	0, 04
19	22, 57	1 seizieme...	0, 07
20	23, 76	1 huitième...	0, 15
21	24, 95	1 quart......	0, 30
22	26, 14	1 demi......	0, 59
23	27, 32	3 quarts.....	0, 89
24	28, 51	1 vingt-quatri.	0, 05
25	29, 70	1 douzieme..	0, 10
26	30, 89	1 sixieme....	0, 20
27	32, 08	1 tiers......	0, 40
28	33, 26	2 tiers......	0, 79
29	34, 45		
30	35, 64		

TABLE IV, servant à transformer le prix des aunes de 43 pouces 11 lignes en celui des metres courans.

Francs.

Prix de l'aune.	Prix du mètre courant.
à 1	0, 84
2	1, 68
3	2, 52
4	3, 37
5	4, 21
6	5, 05
7	5, 89
8	6, 73
9	7, 57
10	8, 42
20	16, 83
30	25, 25
40	33, 67
50	42, 08
60	50, 50
70	58, 92
80	67, 34
90	75, 75
100	84, 17
200	168, 34
300	252, 51
400	336, 68
500	420, 86
600	505, 03
700	589, 20
800	673, 37
900	757, 54
1000	841, 71
2000	1683, 42
3000	2525, 13

Sols.

Prix de l'aune.	Prix du mètre courant.
à 1	0, 04
2	0, 09
3	0, 13
4	0, 17
5	0, 21
6	0, 25
7	0, 29
8	0, 34
9	0, 38
10	0, 42
11	0, 46
12	0, 50
13	0, 55
14	0, 59
15	0, 63
16	0, 67
17	0, 72
18	0, 76
19	0, 80

Deniers.

Prix de l'aune.	Prix du mètre courant.
1	0, 00
2	0, 01
3	0, 01
4	0, 01
5	0, 02
6	0, 02
7	0, 03
8	0, 03
9	0, 03

TABLE V, fervant à transformer les *perches*
quarrées de 6,696 pouc. (22 pieds quarr.)
en *hectares* & en *ares*. (c'eſt la perche de roi).

Perches quarré s de 22 pieds	Hectares & Ares	Perches quarrées de 22 pieds	Hectares & Ares

Perches quarrées. | | **Suite des Perches.** |

Perches quarrées	H.	A.	Perches quarrées	H.	A.	
1	0,	00, 51	3000	15,	31,	15
2	0,	01, 02	4000	20,	41,	53
3	0,	01, 53	5000	25,	51,	92
4	0,	02, 04	6000	30,	62,	30
5	0,	02, 55	7000	35,	72,	68
6	0,	03, 06	8000	40,	83,	07
7	0,	03, 57	9000	45,	93,	45
8	0,	04, 08	10000	51,	03,	84
9	0,	04, 59				
10	0,	05, 10				
20	0,	10, 21				
30	0,	15, 31				
40	0,	20, 41				
50	0,	25, 52				
60	0,	30, 62				
70	0,	35, 73				
80	0,	40, 83				
90	0,	45, 93				
100	0,	51, 04				
200	1,	02, 08				
300	1,	53, 11				
400	2,	04, 15				
500	2,	55, 19				
600	3,	06, 23				
700	3,	57, 27				
800	4,	08, 31				
900	4,	59, 34				
1000	5,	10, 38				
2000	10,	20, 77				

Fractions.

Le huitieme . 0, 06
Le ſixieme .. 0, 08
Le cinquiem. 0, 10
Le quart.... 0, 13
Le tiers.... 0, 17
La demie... 0, 25

DE SURFAC

TABLE VI, servant à transformer le prix des perches de 696 6 pouces quarrés (22 pied quarrés), en celui des *ares*.

Prix des perches de 22 pieds	Prix des Ares	Prix des perches de 22 pieds	Prix des Ares
Francs.		**Sols.**	
à 1	1, 96	1	0, 10
2	3, 92	2	0, 19
3	5, 88	3	0, 29
4	7, 84	4	0, 39
5	9, 80	5	0, 49
6	11, 76	6	0, 59
7	13, 72	7	0, 68
8	15, 68	8	0, 78
9	17, 64	9	0, 88
10	19, 60	10	0, 98
20	39, 19	11	1, 08
30	58, 79	12	1, 17
40	78, 38	13	1, 27
50	97, 98	14	1, 37
60	117, 58	15	1, 47
70	137, 17	16	1, 57
80	156, 76	17	1, 66
90	176, 36	18	1, 76
100	195, 96	19	1, 86
200	391, 92	**Deniers.**	
300	587, 88		
400	783, 84	1	0, 1
500	979, 80	2	0, 2
600	1175, 76	3	0, 2
700	1371, 72	4	0, 3
800	1567, 68	5	0, 4
900	1763, 64	6	0, 6
1000	1959, 60	7	0, 6
2000	3919, 20	8	0, 9
3000	5878, 80	9	0, 7

TABLE VII, fervant à transformer les *perches* quarr. de 46656 pouc. (18 pieds quar.) en *hectares* & en *ares* (c'est la perche de Paris).

Perches quarrées de 18 pieds	Hectares & Ares.	Perches quarrées de 18 pieds	Hectares & Ares.
Perches quarrées.		*Suite des perches.*	
	H. A.		H. A.
1	0, 00, 34	3000	10, 24, 98
2	0, 00, 68	4000	13, 66, 65
3	0, 01, 02	5000	17, 08, 31
4	0, 01, 37	6000	20, 49, 97
5	0, 01, 71	7000	23, 91, 63
6	0, 02, 05	8000	27, 33, 29
7	0, 02, 39	9000	30, 74, 96
8	0, 02, 73	10000	34, 16, 61
9	0, 03, 07		
10	0, 03, 42		
20	0, 06, 83		
30	0, 10, 25		
40	0, 13, 67		
50	0, 17, 08		
60	0, 20, 50		
70	0, 23, 92		
80	0, 27, 33		
90	0, 30, 75		
100	0, 34, 17		
200	0, 68, 33		
300	1, 02, 50		
400	1, 36, 66		
500	1, 70, 83		
600	2, 05, 00		
700	2, 39, 16		
800	2, 73, 33		
900	3, 07, 49		
1000	3, 41, 66		
2000	6, 83, 32		

Fractions.

Le huitieme. 0, 04
Le fixieme.. 0, 05
Le cinquieme 0, 07
Le quart ... 0, 08
Le tiers.... 0, 11
La demie... 0, 17

TABLE VIII, servant à transformer le prix des *perches* de 46656 pouces quarrés (18 pieds quarrés), en celui des *ares*.

Prix des perches de 18 pieds	Prix des Ares.	Prix des perches de 18 pieds	Prix des Ares
	Francs.		*Sols.*
à 1	2, 92	à 1	0, 15
2	5, 85	2	0, 29
3	8, 77	3	0, 44
4	11, 70	4	0, 58
5	14, 62	5	0, 73
6	17, 54	6	0, 88
7	20, 47	7	1, 02
8	23, 39	8	1, 17
9	26, 32	9	1, 31
10	29, 24	10	1, 46
20	58, 48	11	1, 61
30	87, 73	12	1, 75
40	116, 97	13	1, 90
50	146, 21	14	2, 05
60	175, 45	15	2, 19
70	204, 69	16	2, 34
80	233, 94	17	2, 48
90	263, 18	18	2, 63
100	292, 42	19	2, 78
200	584, 84		*Deniers.*
300	877, 26		
400	1169, 68	1	0, 01
500	1462, 10	2	0, 02
600	1754, 53	3	0, 04
700	2046, 95	4	0, 05
800	2339, 37	5	0, 06
900	2631, 79	6	0, 07
1000	2924, 21	7	0, 08
2000	5848, 42	8	0, 10
3000	8772, 53	9	0, 11

TABLE IX, servant à transformer les *toises* de 5184 pouces quarrés (6 pieds quarrés), en *ares* (c'est la toise de roi).

Toises quarrées de 6 pieds	Ares & Mètres quarrés.	Toises quarrées de 6 pi. d.	Ares & Mètres quarrés.
Toises quarrées.			*Fractions.*
	A. M.		
1	0, 03 80	1 pied quarré.	0, 10
2	0, 07 59	2	0, 21
3	0, 11 39	3	0, 32
4	0, 15 18	4	0, 42
5	0, 18 98	5	0, 52
6	0, 22 78	6	0, 63
7	0, 26 57	7	0, 74
8	0, 30 37	8	0, 84
9	0, 34 17	9	0, 95
10	0, 37 96	10	1, 05
20	0, 75 92	20	2, 11
30	1, 13 89	30	3, 16
40	1, 51 85	1 pouce quar.	0, 00
50	1, 89 81	5	0, 00
60	2, 27 77	9	0, 01
70	2, 65 74	10	0, 01
80	3, 03 70	20	0, 01
90	3, 41 66	30	0, 02
100	3, 79 62	40	0, 03
200	7, 59 25	50	0, 04
300	11, 38 87	60	0, 04
400	15, 18 50	70	0, 05
500	18, 98 12	80	0, 06
600	22, 77 74	90	0, 06
700	26, 57 37	100	0, 07
800	30, 36 99	144	0, 10
900	34, 16 62		
1000	37, 96 24		
2000	75, 92 50		

TABLE X, servant à transformer le prix des *toises de 5:84 pouces quarrés (6 pieds quarrés)*, en celui des *metres quarrés*.

Prix des Toises qu. de 6 pieds.	Prix des Metres quarrés.	Prix des Toises qu. de 6 pieds	Prix des Metres quarrés.
Francs.		**Sols.**	
à 1	0, 26	à 1	0, 01
2	0, 53	2	0, 03
3	0, 80	3	0, 04
4	1, 06	4	0, 05
5	1, 33	5	0, 07
6	1, 59	6	0, 08
7	1, 86	7	0, 09
8	2, 12	8	0, 11
9	2, 39	9	0, 12
10	2, 65	10	0, 13
20	5, 31	11	0, 15
30	7, 95	12	0, 16
40	10, 61	13	0, 17
50	13, 27	14	0, 18
60	15, 92	15	0, 20
70	18, 57	16	0, 21
80	21, 23	17	0, 22
90	23, 88	18	0, 24
100	26, 53	19	0, 25
200	53, 07	**Deniers.**	
300	79, 60		
400	106, 14	1	0, 00
500	132, 67	2	0, 00
600	159, 21	3	0, 00
700	185, 74	4	0, 00
800	2 2, 28	5	0, 00
900	238, 81	6	0, 01
1000	265, 35	7	0, 01
2000	530, 70	8	0, 0
3000	795, 06	9	0, 0

TABLE XI, servant à transformer les *toises* cubiques de 373248 pouces (6 pieds cubes de roi), en *mètres* cubes.

Toises cubes de 6 pieds.	Mètres cubes.
Toises cubes.	
1	7, 40
2	14, 79
3	22, 19
4	29, 59
5	36, 98
6	44, 38
7	51, 78
8	59, 17
9	66, 57
10	73, 95
20	147, 93
30	221, 90
40	295, 86
50	369, 83
60	443, 79
70	517, 76
80	591, 73
90	665, 69
100	739, 66
200	1479, 31
300	2218, 97
400	2958, 63
500	3698, 29
600	4437, 95
700	5177, 60
800	5917, 26
900	6656, 92
1000	7396, 58
2000	14793, 16
3000	22189, 74

Toises cubes de 6 pieds.	Mètres cubes.
Pieds cubes.	
1	0, 03
2	0, 07
3	0, 10
4	0, 14
5	0, 17
6	0, 20
7	0, 24
8	0, 27
9	0, 31
10	0, 34
20	0, 68
30	1, 03
40	1, 37
50	1, 71
60	2, 05
70	2, 40
80	2, 74
90	3, 08
100	3, 42
200	6, 84
216	7, 40
Pouces cubes.	
1	0, 00
10	0, 00
100	0, 00
1000	0, 02
1728	0, 03

TABLE XII, servant à transformer le prix des *toises* cubiques de 373248 pouces (6 pieds cubes), en celui des *metres* cubes.

Prix des toises cub. de 6 pieds.	Prix des Mètres cubes.	Prix des toises cub de 6 pieds.	Prix des Mètres cubes.
Francs.		*Sols.*	
à 1	0, 13	à 1	0, 01
2	0, 27	2	0, 01
3	0, 40	3	0, 02
4	0, 54	4	0, 03
5	0, 68	5	0, 03
6	0, 81	6	0, 04
7	0, 95	7	0, 05
8	1, 08	8	0, 05
9	1, 22	9	0, 06
10	1, 35	10	0, 07
20	2, 71	11	0, 07
30	4, 06	12	0, 08
40	5, 41	13	0, 09
50	6, 76	14	0, 09
60	8, 12	15	0, 10
70	9, 47	16	0, 11
80	10, 82	17	0, 11
90	12, 18	18	0, 12
100	13, 53	19	0, 13
200	27, 06	*Deniers.*	
300	40, 59		
400	54, 12	1	0, 00
500	67, 65	2	0, 00
600	81, 19	3	0, 00
700	94, 72	4	0, 00
800	108, 25	5	0, 00
900	121, 78	6	0, 00
1000	135, 31	7	0, 00
2000	270, 62	8	0, 00
3000	405, 93	9	0, 00

TABLE XIII, servant à transformer les *boisseaux* de 640 pouces cubes, en *décalitres*.

Boisseaux de 640 pouc. cub.	Décalitres.
Boisseaux.	
1	1, 27
2	2, 54
3	3, 80
4	5, 07
5	6, 34
6	7, 61
7	8, 88
8	10, 15
9	11, 41
10	12, 68
20	25, 35
30	38, 05
40	50, 73
50	63, 41
60	76, 10
70	88, 78
80	101, 46
90	114, 14
100	126, 83
200	253, 65
300	380, 48
400	507, 31
500	634, 14
600	760, 96
700	887, 79
800	1014, 62
900	1141, 45
1000	1268, 27
2000	2536, 55
3000	3804, 82

Boisseaux de 640 pouc. cub.	Décalitres.
Suite des boisseaux.	
4000	5073, 10
5000	6341, 37
6000	7609, 65
7000	8877, 92
8000	10146, 20
9000	11414, 47
10000	12682, 75

Fractions.

Seizieme du litron.	0, 00
Huitieme *id.* . .	0, 01
Quart *idem* . .	0, 02
Moitié *idem* . .	0, 04
Litron	0, 08
Quart du boisseau	0, 32
Moitié *idem* . .	0, 63
Trois quarts *id.*	0, 95

Multiples.

Minot	3, 80
Mine	7, 61
Setier	15, 22
Demi-muid.	91, 31
Muid	182, 63

TABLE XIV, servant à transformer le prix des *boisseaux* de 640 pouces cubes, en celui des *décalitres*.

Prix des Boisseaux.	Prix des Décalitres.	Prix des Boisseaux	Prix des Décalitres.
Francs.			*Sols.*
à 1	0, 79	à 1	0, 04
2	1, 58	2	0, 08
3	2, 36	3	0, 12
4	3, 15	4	0, 16
5	3, 94	5	0, 20
6	4, 73	6	0, 24
7	5, 52	7	0, 28
8	6, 31	8	0, 31
9	7, 10	9	0, 35
10	7, 88	10	0, 39
20	15, 77	11	0, 43
30	23, 65	12	0, 47
40	31, 54	13	0, 51
50	39, 42	14	0, 55
60	47, 31	15	0, 59
70	55, 19	16	0, 63
80	63, 08	17	0, 67
90	70, 96	18	0, 71
100	78, 85	19	0, 75
200	157, 70	*Deniers.*	
300	236, 55		
400	315, 40	1	0, 00
500	394, 25	2	0, 01
600	473, 10	3	0, 01
700	551, 93	4	0, 01
800	630, 78	5	0, 02
900	709, 63	6	0, 02
1000	788, 47	7	0, 02
2000	1576, 95	8	0, 03
3000	2365, 42	9	0, 03

TABLE XV, servant à transformer les *pintes* de 648 pouces cubes, en *litres*.

Pintes de 48 pouces.	Litres.	Pintes de 48 pouces.	Litres.
Pintes.		**Suite des pintes.**	
1	0, 95	4000	3804, 82
2	1, 90	5000	4756, 03
3	2, 85	6000	5707, 24
4	3, 80	7000	6658, 44
5	4, 76	8000	7609, 65
6	5, 71	9000	8560, 85
7	6, 66	10000	9512, 06
8	7, 61		
9	8, 56	**Fractions.**	
10	9, 51		
20	19, 02	Huitieme du	
30	28, 54	poisson....	0, 01
40	38, 05	Quart *idem*..	0, 03
50	47, 56	Moitié *idem*..	0, 06
60	57, 97	Poisson......	0, 12
70	66, 58	Demi-septier.	0, 24
80	76, 10	Chopine....	0, 48
90	85, 61		
100	95, 12		
200	190, 24		
300	285, 36		
400	380, 48		
500	475, 60		
600	570, 72		
700	665, 84		
800	760, 96		
900	856, 08		
1000	951, 21		
2000	1902, 41		
3000	2853, 62		

TABLE XVI, servant à transformer le prix des *pintes* de 48 pouces cubes, en celui des *litres*.

Prix des Pintes.	Prix des Litres.	Prix des Pintes.	Prix des Litre
Francs.			*Sols.*
1	à 1, 05	à 1	0, 05
2	2, 10	2	0, 10
3	3, 15	3	0, 16
4	4, 20	4	0, 21
5	5, 26	5	0, 26
6	6, 31	6	0, 31
7	7, 36	7	0, 37
8	8, 41	8	0, 42
9	9, 45	9	0, 47
10	10, 51	10	0, 52
20	21, 03	11	0, 58
30	31, 54	12	0, 63
40	42, 05	13	0, 68
50	52, 56	14	0, 74
60	63, 08	15	0, 79
70	73, 60	16	0, 84
80	84, 10	17	0, 89
90	94, 61	18	0, 94
100	105, 13	19	1, 00
200	210, 26		*Deniers.*
300	315, 39		
400	420, 52	1	0, 00
500	525, 65	2	0, 01
600	630, 78	3	0, 01
700	735, 91	4	0, 02
800	841, 04	5	0, 02
900	946, 17	6	0, 03
1000	1051, 30	7	0, 03
2000	2102, 60	8	0, 03
3000	3153, 90	9	0, 04

Table XVII, servant à transformer les *livres* de 16 onces ou 128 gros, en *kilogrammes*.

Livres de 16 onces.	Kilogrammes.
Livres de 16 onc.	
1	0, 49
2	0, 98
3	1, 47
4	1, 96
5	2, 44
6	2, 93
7	3, 42
8	3, 91
9	4, 40
10	4, 89
20	9, 78
30	14, 67
40	19, 56
50	24, 46
60	29, 35
70	34, 24
80	39, 13
90	44, 02
100	48, 91
200	97, 83
300	146, 74
400	195, 66
500	244, 57
600	293, 49
700	342, 40
800	391, 32
900	440, 23
1000	489, 15
2000	978, 32
3000	1467, 44

Livres de 16 onces.	Kilogrammes.
Onces.	
1	0, 03
2	0, 06
3	0, 09
4	0, 12
5	0, 15
6	0, 18
7	0, 21
8	0, 24
9	0, 27
10	0, 30
11	0, 34
12	0, 37
13	0, 40
14	0, 43
15	0, 46
Gros.	
1	0, 00
2	0, 01
3	0, 01
4	0, 01
5	0, 01
6	0, 02
7	0, 03

TABLE XVII, servant à transformer le prix des *livres* de 128 gros (16 onces), en celui des *kilogrammes*.

Prix des Livres de 16 onces	Prix des Kilogrammes.	Prix des livres de 16 onces	Prix des Kilogrammes.
	Francs.		**Sols.**
à 1	2, 04	à 1	0, 10
2	4, 09	2	0, 20
3	6, 13	3	0, 31
4	8, 18	4	0, 41
5	10, 22	5	0, 51
6	12, 26	6	0, 61
7	14, 31	7	0, 71
8	16, 35	8	0, 82
9	18, 40	9	0, 92
10	20, 44	10	1, 02
20	40, 89	11	1, 12
30	61, 33	12	1, 23
40	81, 77	13	1, 33
50	102, 22	14	1, 43
60	122, 66	15	1, 53
70	143, 11	16	1, 63
80	163, 55	17	1, 74
90	183, 99	18	1, 84
100	204, 44	19	1, 94
200	408, 87		**Demiers.**
300	613, 31	1	0, 01
400	817, 75	2	0, 02
500	1022, 18	3	0, 02
600	1226, 62	4	0, 03
700	1431, 07	5	0, 04
800	1635, 51	6	0, 05
900	1839, 94	7	0, 06
1000	2044, 38	8	0, 07
2000	4088, 76	9	0, 08
3000	6133, 14		

TABLE XIX, servant à transformer les *livres* de 120 gros (15 onces), en *kilogrammes*.

Livres de 15 onces.	Kilogrammes.	Livres de 15 onces.	Kilogrammes.
Livres de 15 onces.		*Onces.*	
1	0, 46	1	0, 03
2	0, 92	2	0, 06
3	1, 37	3	0, 09
4	1, 83	4	0, 12
5	2, 29	5	0, 15
6	2, 75	6	0, 18
7	3, 21	7	0, 21
8	3, 67	8	0, 24
9	4, 13	9	0, 27
10	4, 58	10	0, 30
20	9, 17	11	0, 34
30	13, 76	12	0, 37
40	18, 34	13	0, 40
50	22, 93	14	0, 43
60	27, 51	15	0, 46
70	32, 10	*Gros.*	
80	36, 68		
90	41, 27	1	0, 00
100	45, 86	2	0, 01
200	91, 72	3	0, 01
300	137, 57	4	0, 01
400	183, 42	5	0, 02
500	229, 28	6	0, 02
600	275, 14	7	0, 03
700	321, 00		
800	366, 85		
900	412, 70		
1000	458, 65		
2000	917, 10		
3000	1375, 70		

TABLE XX, servant à transformer le prix des livrés de 120 gros (15 onces), en celui des kilogrammes.

Prix des Livres de 15 onces.	Prix des Kilogrammes.
Francs.	
à 1	2, 18
2	4, 36
3	6, 54
4	8, 72
5	10, 90
6	13, 08
7	15, 26
8	17, 44
9	19, 62
10	21, 81
20	43, 61
30	65, 42
40	87, 23
50	109, 03
60	130, 84
70	152, 65
80	174, 45
90	196, 26
100	218, 07
200	436, 13
300	654, 20
400	872, 26
500	1090, 33
600	1308, 40
700	1526, 46
800	1744, 53
900	1962, 59
1000	2180, 66
2000	4361, 32
3000	6541, 98

Prix des Livres de 15 onces.	Prix des Kilogrammes.
Sols.	
à 1	0, 11
2	0, 22
3	0, 33
4	0, 44
5	0, 54
6	0, 65
7	0, 76
8	0, 87
9	0, 98
10	1, 09
11	1, 20
12	1, 31
13	1, 42
14	1, 53
15	1, 65
16	1, 74
17	1, 85
18	1, 96
19	2, 07
Deniers.	
1	0, 01
2	0, 02
3	0, 03
4	0, 04
5	0, 04
6	0, 05
7	0, 06
8	0, 07
9	0, 08

TABLE XXI, servant à transformer les Fractions ordinaires en *centiemes* des objets.

1 demi,	0, 50	3 onziemes,	0, 27
1 tiers,	0, 33	3 treiziemes,	0, 23
1 quart,	0, 25	3 quatorziemes,	0, 21
1 cinquieme,	0, 20	3 seiziemes,	0, 19
1 sixieme,	0, 17	3 dix-septiemes,	0, 18
1 septieme,	0, 14	3 dix-neuviemes,	0, 16
1 huitieme,	0, 12	3 vingtiemes,	0, 15
1 neuvieme,	0, 11		
1 dixieme,	0, 10	4 cinquiemes,	0, 80
1 onzieme,	0. 09	4 septiemes,	0, 57
1 douzieme,	0, 08	4 neuviemes,	0, 44
1 treizieme,	0, 08	4 onziemes,	0, 36
1 quatorzieme,	0, 07	4 treiziemes,	0, 31
1 quinzieme,	0, 07	4 quinziemes,	0, 27
1 seizieme,	0, 06	4 dix-septiemes,	0, 23
1 dix-septieme,	0, 06	4 dix-neuviemes,	0, 21
1 dix-huitieme,	0, 05		
1 dix-neuvieme,	0, 05	5 sixiemes,	0, 83
1 vingtieme,	0, 05	5 septiemes,	0, 71
		5 huitiemes,	0, 62
2 tiers,	0, 67	5 neuviemes,	0, 55
2 cinquiemes,	0, 40	5 onziemes,	0, 45
2 septiemes,	0, 28	5 douziemes,	0, 42
2 neuviemes,	0, 22	5 treiziemes,	0, 38
2 onziemes,	0, 18	5 quatorziemes,	0, 36
2 treiziemes,	0, 15	5 seiziemes,	0, 31
2 quinziemes,	0, 13	5 dix-septiemes,	0, 29
2 dix-septiemes,	0, 12	5 dix-huitiemes,	0, 28
2 dix-neuviemes,	0, 10	5 dix-neuviemes,	0, 26
3 quarts,	0, 75	6 septiemes,	0, 86
3 cinquiemes,	0, 60	6 onziemes,	0, 54
3 septiemes,	0, 43	6 treiziemes,	0, 46
3 huitiemes,	0, 37	6 dix-septiemes,	0, 35
3 dixiemes,	0, 30	6 dix-neuviemes,	0, 31

Suite de la TABLE XXI.

7 huitiemes,	0, 8[?]	11 quinziemes,	0, 73
7 neuviemes,	0, 78	11 ſeiziemes,	0, 69
7 dixiemes,	0, 70	11 dix-ſeptiem.	0, 65
7 onziemes,	0, 64	11 dix-huitiem.	0, 61
7 douziemes,	0, 58	11 dix-neuviem.	0, 58
7 treiziemes,	0, 54	11 vingtiemes,	0, 55
7 quatorziemes,	0, 47		
7 ſeiziemes,	0, 44	12 treiziemes,	0, 92
7 dix-ſeptiemes,	0, 41	12 dix-ſeptiem.	0, 70
7 dix-huitiemes,	0, 3[?]	12 dix-neuviem.	0, 63
7 dix-neuviemes,	0, 37		
7 vingtiemes,	0, 35	13 quatorziemes,	0, 93
		13 quinziemes,	0, 87
8 neuviemes,	0, 89	13 ſeiziemes,	0, 81
8 onziemes,	0, 73	13 dix-ſeptiem.	0, 76
8 treiziemes,	0, 6[?]	13 dix-huitiem.	0, 72
8 quinziemes,	0, 53	13 dix-neuviem.	0, 68
8 dix-ſeptiemes,	0, 47	13 vingtiemes,	0, 65
8 dix-neuviemes,	0, 4[?]		
		14 quinziemes,	0, [illegible]
9 dixiemes,	0, 90	14 dix-ſeptiem.	0, [illegible]
9 onziemes,	0, 8[?]	14 dix-neuviem.	0, 74
9 treiziemes,	0, 6[?]		
9 quatorziemes,	0, 6[?]	15 dixiemes,	0, 94
9 ſeiziemes,	0, 5[?]	15 dix-ſeptiem.	0, 88
9 dix-ſeptiemes,	0, 53	15 dix-neuviem.	0, 76
9 dix-neuviemes,	0, 47	15 vingtiemes,	0, 7[?]
9 vingtiemes,	0, 45		
		16 dix-[illegible]iem.	0, 94
10 onziemes,	0, 91	16 dix-[illegible]iem.	0, 8[?]
10 treiziemes,	0, 77		
10 dix-ſeptiem.	0, 59	17 dix-[illegible]iem.	0, 9[?]
10 dix-neuviem.	0, 53	17 dix-neuviem.	0, 8[?]
		17 vi[illegible]mes,	0, 85
11 douziemes,	0, 92		
11 treiziemes,	0, 85	18 d[illegible]	0, 0[?]
11 quatorziemes,	0, 78	19 vingt[illegible]	0, [illegible]

TABLE XXII, Rapport des *deux cent qua[...]* FRANC, aux *cent* CENTIMES qui le com[...]

SOLS.	DENIERS.					
	0	1	2	3	4	5
0	0, 000	0, 004	0, 008	0, 012	0, 016	0, 020
1	0, 050	0, 054	0, 058	0, 062	0, 066	0, 070
2	0, 100	0, 104	0, 108	0, 112	0, 116	0, 120
3	0, 150	0, 154	0, 158	0, 162	0, 166	0, 170
4	0, 200	0, 204	0, 208	0, 211	0, 216	0, 220
5	0, 250	0, 254	0, 258	0, 262	0, 266	0, 270
6	0, 300	0, 304	0, 308	0, 312	0, 316	0, 320
7	0, 350	0, 354	0, 358	0, 362	0, 366	0, 370
8	0, 400	0, 404	0, 408	0, 412	0, 416	0, 420
9	0, 450	0, 454	0, 458	0, 462	0, 466	0, 470
10	0, 500	0, 504	0, 508	0, 512	0, 516	0, 520
11	0, 550	0, 554	0, 558	0, 562	0, 566	0, 570
12	0, 600	0, 604	0, 608	0, 612	0, 616	0, 620
13	0, 650	0, 654	0, 658	0, 662	0, 666	0, 670
14	0, 700	0, 704	0, 708	0, 712	0, 716	0, 720
15	0, 750	0, 754	0, 758	0, 762	0, 766	0, 770
16	0, 800	0, 804	0, 808	0, 812	0, 816	0, 820
17	0, 850	0, 854	0, 858	0, 862	0, 866	0, 870
18	0, 900	0, 904	0, 908	0, 912	0, 916	0, 920
19	0, 950	0, 954	0, 958	0, 962	0, 966	0, 970

Nota. Quoique l'on ait donné ici les *mil[...]* passent pas 5, & de compter un *centime* de plus[...]

rante **DENIERS** qui compofoient autrefois le
pofent aujourd'hui.

SOLS.	DENIERS.					
	6	7	8	9	10	11
0	0, 025	0, 029	0, 033	0, 037	0, 041	0, 045
1	0, 075	0, 079	0, 083	0, 087	0, 091	0, 095
2	0, 125	0, 129	0, 133	0, 137	0, 141	0, 145
3	0, 175	0, 179	0, 183	0, 187	0, 191	0, 195
4	0, 225	0, 229	0, 233	0, 237	0, 241	0, 245
5	0, 275	0, 279	0, 283	0, 287	0, 291	0, 295
6	0, 325	0, 329	0, 333	0, 337	0, 341	0, 345
7	0, 375	0, 379	0, 383	0, 387	0, 391	0, 395
8	0, 425	0, 429	0, 433	0, 437	0, 441	0, 445
9	0, 475	0, 479	0, 483	0, 487	0, 491	0, 495
10	0, 525	0, 529	0, 533	0, 537	0, 541	0, 545
11	0, 575	0, 579	0, 583	0, 587	0, 591	0, 595
12	0, 625	0, 629	0, 633	0, 637	0, 641	0, 645
13	0, 675	0, 679	0, 683	0, 687	0, 691	0, 695
14	0, 725	0, 729	0, 733	0, 737	0, 741	0, 745
15	0, 775	0, 779	0, 783	0, 787	0, 791	0, 795
16	0, 825	0, 829	0, 833	0, 837	0, 841	0, 845
17	0, 875	0, 879	0, 883	0, 887	0, 89:	0, 895
18	0, 925	0, 929	0, 933	0, 937	0, 941	0, 945
19	0, 975	0, 979	0, 983	0, 987	0, 991	0, 995

limes, l'usage eft de les négliger quand ils ne
quand ils paffent ce nombre.

TABLE XXIII, Rapport des 100 *centimes* qui composent aujourd'hui le FRANC, aux 240 *deniers* qui le composoient autrefois.

Cent.	s.	d.		Cent.	s.	d.		Cent.	s.	d.		Cent.	s.	d.	
1		2	4	33	6	7	2	65	13			97	19	4	8
2		4	8	34	6	9	6	66	13	2	4	98	19	7	2
3		7	2	35	7			67	13	4	8	99	19	9	6
4		9	6	36	7	2	4	68	13	7	2	100	1. franc		
5	1			37	7	4	8	69	13	9	6				
6	1	2	4	38	7	7	2	70	14						
7	1	4	8	39	7	9	6	71	14	2	4				
8	1	7	2	40	8			72	14	4	8				
9	1	9	6	41	8	2	4	73	14	7	2				
10	2			42	8	4	8	74	14	9	6				
11	2	2	4	43	8	7	2	75	15						
12	2	4	8	44	8	9	6	76	15	2	4				
13	2	7	2	45	9			77	15	4	8				
14	2	9	6	46	9	2	4	78	15	7	2				
15	3			47	9	4	8	79	15	9	6				
16	3	1	4	48	9	7	2	80	16						
17	3	4	8	49	9	9	6	81	16	2	4				
18	3	7	2	50	10			82	16	4	8				
19	3	9	6	51	10	2	4	83	16	7	2				
20	4			52	10	4	8	84	16	9	6				
21	4	2	4	53	10	7	2	85	17						
22	4	4	8	54	10	9	6	86	17	2	4				
23	4	7	2	55	11			87	17	4	8				
24	4	9	6	56	11	2	4	88	17	7	2				
25	5			57	11	4	8	89	17	9	6				
26	5	2	4	58	11	7	2	90	18						
27	5	4	8	59	11	9	6	91	18	2	4				
28	5	7	2	60	12			92	18	4	8				
29	5	9	6	61	12	2	4	93	18	7	2				
30	6			62	12	4	8	94	18	9	6				
31	6	2	4	63	12	7	2	95	19						
32	6	4	8	64	12	9	6	96	19	2	4				

Observations.

L'usage le plus habituel, à l'égard des dixièmes de deniers qui forment le 3e rang de la colonne des sols & des deniers, est de les négliger, quand ils ne passent pas 5, & de compter un denier de plus, quand il y en a davantage.

Ainsi, pour 8 centimes, qui valent 1 sol 7 deniers 2 dixièmes, on ne compte que 1 sol 7 deniers; & pour 9 centimes, qui valent 1 sol 9 deniers 6 dixièmes, on compte 1 sol 10 deniers.

Ainsi des autres.

AVERTISSEMENT DE L'AUTEUR.

Ce qui caractérife particulièrement les ouvrages qui fuivent, c'eft l'avantage qu'ils ont
d'embraffer le fyftême univerfel & complet des
MESURES RÉPUBLICAINES, fous tous fes diffé-
rens rapports, & d'en faciliter l'étude à toutes
les claffes de citoyens.

On y voit toujours, en effet, les mefures
de toutes efpèces, affujetties aux mêmes regles
de transformation. — Les mêmes formes données aux Tables. — Les mêmes formules données
aux opérations. — Le rapport des *prix* toujours
rapproché de celui des *mefures*, & toujours
placé dans la *page en regard*. — La précifion
la plus rigoureufe préfentée à ceux qui la
recherchent. — L'à-peu-près le plus approxi-
matif donné à ceux qui ne la croient pas nécef-
faire. — Une *échelle graphique*, UNIQUE ET
UNIVERSELLE, fubftituée aux milliers d'é-
chelles que l'AGENCE TEMPORAIRE des *Poid*
& *Mefures* fe propofe de nous donner. — Un
moyen toujours fimple, toujours facile, toujours prompt de comparer les mefures d'une
telle partie du globe que ce foit. — Enfin un tel
enfemble dans toutes les opérations, que l'étud
d'une feule partie devient l'étude de toutes
les autres, & qu'il ne faut pas, comme dans

E

le *syſtême actuel*, revenir à l'école chaque fois qu'il s'agit de paſſer d'une meſure à une autre.

On ſent bien que c'était là le ſeul moyen de faire vivement adopter le ſyſtême des MESURES RÉPUBLICAINES par un peuple qui, n'ayant pas la ſcience infuſe, ne doit ſe prêter à un changement de cette nature, qu'autant qu'on lui en facilitera les moyens.

Mais, dira-t-on, pourquoi faut-il que ce ſoit à un particulier que l'on doive des ouvrages auſſi importans, & non à l'AGENCE TEMPORAIRE des *Poids & Meſures*, chargée ſpécialement de cet objet ?

Ah ! le voici. C'eſt que quand une AGENCE, au lieu d'accueillir & de récompenſer les Auteurs qui lui préſentent des ouvrages utiles, tels que le *Décadaire des poids & meſures*, qui a paru en Fructidor dernier ; tels qu'un certain *Tarif*, imprimé chez Gueffier, ſe les approprie tout bonnement, & charge de leur vente & diſtribution le *libraire MAGIMEL* ; on ne doit pas s'expoſer à ce qu'elle s'approprie le reſte. On ſait bien que c'eſt un moyen fort ſimple, fort commode, de s'épargner des travaux ; mais en bonne regle cela ne ſe doit pas. Et quand on ſait qu'il exiſte des décrets conſervateurs de la propriété des Auteurs, on doit être étrangement ſurpris de voir que ce ſoit une autorité conſtituée qui ſe permette une ſemblable infraction.

Au ſurplus, comme il n'a jamais fallu la protection de perſonne pour dire que DEUX ET DEUX FONT QUATRE, on eſt perſuadé que ſi on a pris les plus grandes précautions pour qu'il n'exiſte que le moins poſſible d'erreurs dans les *Tables* & dans les *Barêmes* ci-après, ces Tables & ces Barêmes ſeront tout auſſi bien accueillis du public que ſi on eût

vu à la fuite de leurs titres, ces mots pom‑
peux & impofans : ADOPTÉ PAR L'AGENCE
TEMPORAIRE DES POIDS ET MESURES.

Voici la Notice de ces ouvrages, dont tous les prix font en efpèces, & que lon pourra acquitter néanmoins en affignats, à raifon de cent pour un, jufqu'au 1er. germininal de l'an IV.

1. *L'Arithmétique décimale*, enfei‑
gnée dans les écoles primaires, ou la
Connaiffance des nouvelles mefures,
mife à la portée des enfans de 8 à 10
ans, & les citoyens les moins inf‑
truits des villes & des campagnes ; *ouvrage adopté pour l'infruction publique par l'Agence temporaire des Poids & Mefures*, & précédemment connu fous le titre d'*Elémens d'Arithmétique deci‑ male. Prix*, 30 centimes (6 fols).

Cet ouvrage eft écrit avec netteté & fimpli‑
cité de ftyle. L'Auteur a eu particulièrement
en vue les gens de campagne.

2. *Métrographe exact*, ou Tables ma‑
trices, à l'aide defquelles, par le
moyen de la feule transformation des
mefures locales de tous les pays, en
pouces courans, en *pouces quarrés*, en
pouces cubes & en *gros*, & *d'une opera‑ tion conflamment uniforme*, on parvient
à les réduire facilement en mefures
métriques, à en comparer le prix en‑

tr'elles, & à dreffer les tables de rapport & échelles graphiques, néceffaires à chaque localité. *On y a joint*, pour fervir de modèle, le rapport des mefures de la commune de Paris au fyftême métrique, en 23 tables, que l'on a fait précéder d'une inftruction fur la manière de s'en fervir.

Prix, 1 franc 25 centimes (1 liv. 5 fols).

Ce premier *Métrographe* eft à l'ufage de ceux qui font familiarifés avec les calculs, qui les aiment, & qui, en outre, ont befoin d'une précifion rigoureufe.

3. *Le Métrographe linéaire univerfel*, ou Table unique de comparaifon, à l'aide de laquelle, on peut transformer en mefures métriques, & par une opération qui n'exige aucun calcul, toutes les mefures poffibles, telles que l'*aune*, la *toife*, la *perche*, l'*arpent*, la *toife cube*, le *boiffeau*, la *pinte*, la *livre*, & généralement toutes les mefures en ufage dans la République, & même dans les quatre parties du monde. Dédié & préfenté, par l'Auteur, au Corps légiflatif & au Directoire exécutif de France.

Prix, collé fur carton, 1 franc 50 centimes (1 liv. 10 fols). — Le Comparateur fe paye à part 40 centimes (8 f.) ; & l'Inftruction 50 cent. (10 fols).

Ce fecond Métrographe eft fait en exé-

(5)

cution de l'article XIX de la loi du 18 germinal, ordonnant qu'il sera fait des *échelles graphiques* dans toute l'étendue de la République française, pour la transformation de toutes les mesures. Or, si l'Agence temporaire se propose de nous en donner autant qu'il y en a de différentes, (ce qu'il y a lieu de présumer, puisqu'elle vient d'en faire graver une, rien que pour la comparaison de *l'aune de Paris* avec le *metre*), combien le public ne goûtera-t-il pas une échelle unique qui servira à la transformation de toutes les mesures possibles, & dispensera, par ce moyen, de faire graver des milliers d'échelles, semblables à celle qu'elle a publiée.

4. *Le Metrographe parisien*, ou Tables de comparaison, au nombre de 23 , servant à transformer -- la *toise* courante de roi & l'*aune* de Paris, en *metres* courans. — La *perche quarrée* de roi & de Paris, en *hectares* & en *ares*. — La *toise quarrée*, en *ares* & en *metres* quarrés. — La *toise cube*, en *metres* cubes. — Le *boisseau*, en *décalitre*. — La *pinte* de Paris, en *litre*. — Les *livres* de 16 & 15 onces, en *kilogrammes*. — Et les *sols & deniers*. en *centimes*. — — On a placé le *rapport des prix* au droit de chaque table, ce qui les rend d'une commodité infinie pour le commerce. *Prix*, 75 centimes (15 *sols*).

Ceux qui se sont procuré le premier Métrographe , peuvent se dispenser de se procurer celui-ci. Il faut faire seulement attention qu'il convient presque par-tout, vu que les mesures dont on se sert à Paris, sont presqu’univer-sellement connues.

5. *Barême décimal*, ou les Comptes-faits d’après le nouveau système moné-taire ; coutenant en 100 pages, les 28 mille & tant de comptes-faits, qui occupent les 456 premieres pages du Barême in-12, & peuvent servir à-la-fois aux *centimes* du nouveau comput, & aux sols & deniers de l’ancien.

Prix, 2 francs broché.

On ne pouvait pas présenter un ouvrage plus utile, dans un moment où le nouveau système monétaire nous présente nécessaire-ment de nouveaux calculs, & où nous avons par conséquent besoin de nouveaux COMPTES-FAITS. Il paraîtra vers le 15 pluviôse prochain.

6. *Le Système des Mesures républi-caines*, présenté sous son véritable aspect, & sa nomenclature réduite à ses *multiples & sous-multiples*, avec un tableau. *Prix*, 1 franc.

Cet ouvrage ne paraîtra également qu’aux environs du 15 pluviôse.

7 *Décadaire des poids & mesures*, pour l’an IV de la République.

Prix, en feuille, 10 centimes (2 sols); collé sur carton, 15 centimes (3 sols).

Ce décadaire est le même que celui présenté à l’Agence temporaire, en Fructidor, & qu’elle a trouvé plus expédient de faire vendre chez *Magimel*, que de restituer à l’Auteur.